Du Teil du Havett

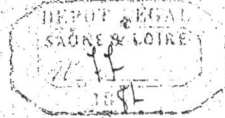

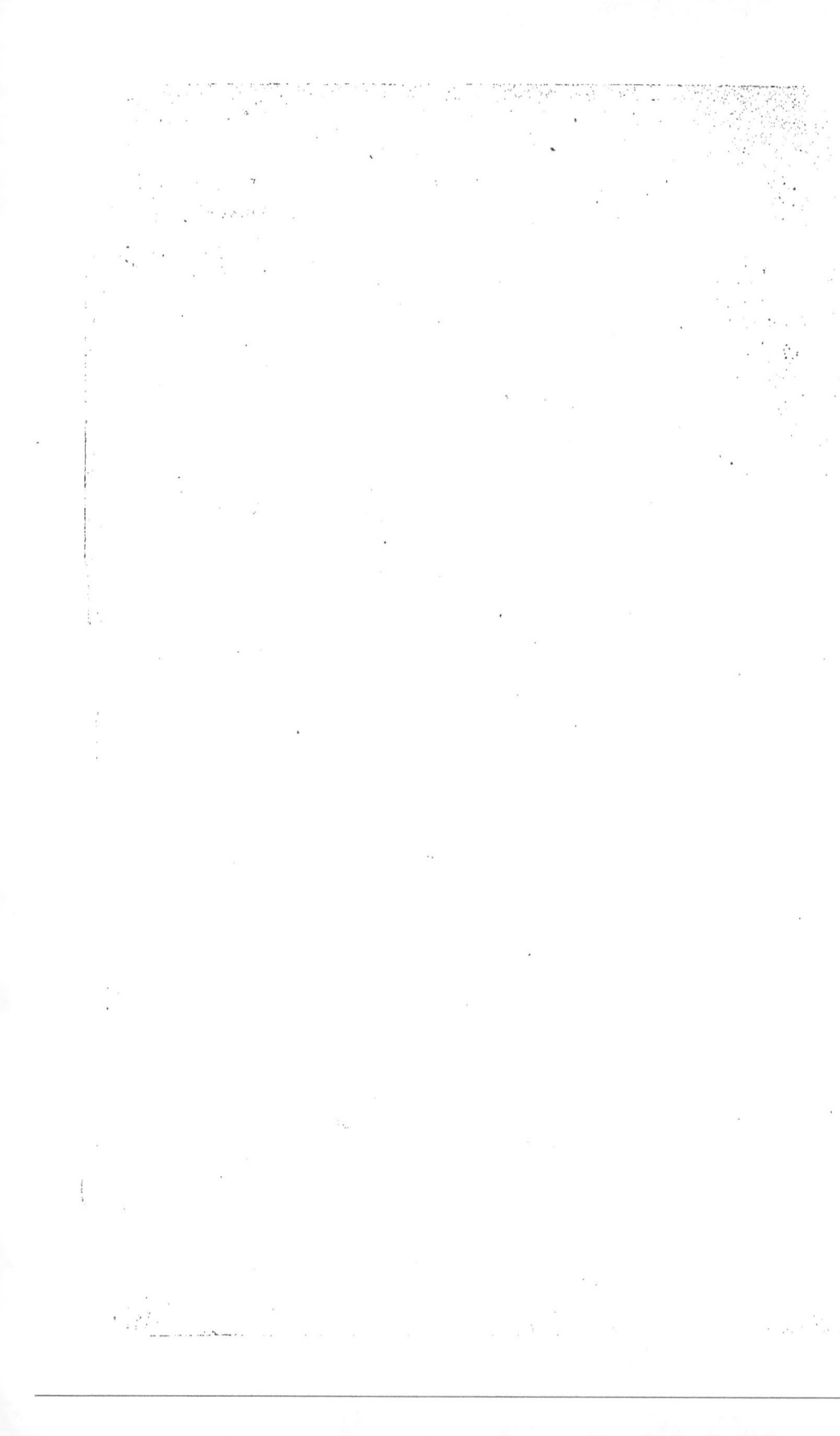

CONGRÈS NATIONAL VITICOLE DE MACON

(1887)

RAPPORT

PRÉSENTÉ AU NOM DE LA 3ᵉ COMMISSION

Par M. le baron du TEIL DU HAVELT.

Etat général du vignoble Mâconnais.

MESSIEURS,

Un homme, dont la haute compétence et le grand savoir
sont universellement reconnus et particulièrement estimés
dans notre région, publiait, il y a trois mois, à la suite d'une
excursion officielle qu'il avait faite dans les vignobles de
Saône-et-Loire, une note dans laquelle il résumait ses
impressions et ses appréciations.

« Tous les vignobles que nous venons de voir dans le
Mâconnais, écrivait-il, sont à l'heure actuelle, sauf
quelques exceptions, à peu près détruits ou à arracher. Tout
ce qui paraît encore vert est complètement envahi par
l'insecte. L'aspect de ces contrées, si riches il y a quelques
années, est aujourd'hui on ne peut plus triste, et, ce qui
est plus triste encore, c'est de voir que bien peu de propriétaires aient songé à défendre leurs vignes des ravages
de l'insecte et que le nombre de ceux qui s'occupent sérieu-
sement de leur reconstitution soit l'exception. »

Loin de nous la pensée de vouloir contredire la parole

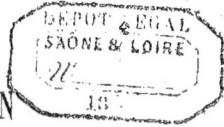

autorisée de M. Pulliat, l'auteur des lignes que nous venons de citer, loin de nous l'idée de dire, comme l'ont prétendu certains, que ce tableau de la situation de nos vignobles était trop poussé au noir. Cependant il nous sera permis de constater, au début de ce rapport, que la Commission de visites a été agréablement surprise d'abord par le nombre relativement élevé des propriétaires, une quarantaine environ, tous de l'arrondissement, qui ont demandé à prendre part au concours, et ensuite par le spectacle des résultats déjà obtenus.

Ces propriétaires forment une exception, nous le voulons bien, les résultats obtenus pour la plupart, au moins, sont encore loin d'égaler ce qui a été fait dans d'autres régions, nous le voulons bien encore ; mais il nous a semblé qu'il y avait là une raison de plus, non seulement pour les récompenser, mais pour les citer en exemple, pour encourager par le spectacle de leur initiative, de leurs efforts souvent heureux, le nombre trop grand, hélas ! des propriétaires et des vignerons qui se laissent abattre, disent qu'il n'y a rien à faire et préfèrent railler les médecins que d'user de leurs remèdes.

Ce sont là, Messieurs, les deux considérations principales auxquelles la Commission de visites a obéi : récompenser ceux qui ont travaillé à la reconstitution du vignoble et encourager les autres.

Aussi nous a-t-il paru bon de ne passer sous silence aucun des efforts tentés, quelque mince que fût le résultat obtenu.

Nous allons donc, si vous le voulez bien, passer en revue les propriétés que la Commission a visitées. Nous suivrons à peu près l'ordre des visites et nous les grouperons par canton.

Le canton de La Chapelle-de-Guinchay est l'un des plus riches du Mâconnais, il s'enorgueillit à juste raison de produire des vins qui comptent parmi nos meilleurs. C'est par lui que nous commencerons.

A Saint-Amour, chez M. Ferret, propriétaire-cultivateur, nous avons visité une vigne de 10 ares greffée sur riparia et solonis : elle est à sa troisième feuille; la végétation et la reprise sont assez régulières. D'autres plantations de vignes greffées d'un et de deux ans se comportent bien. Nous avons surtout remarqué d'assez jolies variétés de bouschet.

M. Ferret travaille activement à la reconstitution de son vignoble; il a établi une pépinière de porte-greffes, ripaiia, solonis, york, qui viennent bien dans le sol qui est siliceux granitique, sous-sol argileux. Il a fait aussi quelques essais de producteurs directs (othello, canada, senasqua) qui ont assez bien réussi.

A Chânes, nous avons visité deux propriétés, celle de de M. le docteur Vaffier et celle de M. Bonnard.

Chez M. le docteur Vaffier nous avons vu deux intéressantes pépinières, l'une de porte-greffes, l'autre de plants greffés.

La pépinière de porte-greffes est très bien placée dans un terrain argilo-siliceux d'une grande profondeur et contenant une forte proportion d'humus. Cette pépinière est très ancienne; la plupart des plants porte-greffes ont été obtenus par semis. Les solonis sont de toute beauté.

L'emplacement de la pépinière de greffes a été choisi avec le même soin et la même prévoyance dans un terrain bien exposé au soleil et abrité des vents du nord. Aussi les greffes réussissent-elles bien, la reprise est satisfaisante, malheureusement, là comme en beaucoup d'autres endroits du Mâconnais, les vers blancs ont fait beaucoup de dégâts.

Le domaine cultivé par M. Vaffier se compose de terrains argilo-siliceux profonds. La proportion d'argile est variable, aussi peut-on se rendre compte de l'influence de la quantité d'argile sur la facilité de reprise des vignes greffées. Dans la partie où la proportion siliceuse l'emporte, la reprise est très belle. Là, au contraire, où l'argile domine, et surtout lorsque le sous-sol est humide et imperméable, la difficulté de reprise est beaucoup plus considérable. Dans cette nature de sol, on ne doit surtout pas employer le vialla, on peut essayer les greffes sur jacquez et utiliser l'othello. Cependant, nous avons vu, même dans les terrains argileux, des greffes de cinq ans assez belles.

Ajoutons que M. le docteur Vaffier a apporté les plus grands soins à ces plantations et les a entourées de toutes les garanties de réussite. Il fait, de bonne heure et par un beau temps, des minages profonds de 45 centimètres. M. le docteur Vaffier, dont le savoir égale la modestie, a rendu les plus grands services à sa commune : il a prêché d'exemple, combattu le découragement et contribué par ses conseils à la reconstitution du vignoble. Il a droit à toutes nos félicitations.

Le traitement à l'eau céleste, répété quatre fois (dosage 1 kil. de sulfate de cuivre) a parfaitement réussi, mais il est juste de faire observer que, par suite de leur exposition, les vignes de M. le docteur Vaffier sont peu sujettes au mildew.

Chez M. Bonnard, à Chânes, nous avons visité tout un hectare reconstitué, en vignes d'un, de deux et de trois ans. La plantation de trois ans n'a pas bien repris d'abord, et a dû être recourue.

La plantation des greffes de 2 ans est parfaitement réussie ; nous avons admiré particulièrement les greffes de petit bouschet.

Quant aux plantations de cette année, elles seraient aussi belles que celles de l'année précédente, sans les ravages des vers blancs.

La plupart des greffes de M. Bonnard, dont le terrain est argilo-siliceux, sont faites sur riparia, quelques-unes seulement sont sur vialla. Ce propriétaire-cultivateur a installé sa pépinière dans les meilleures conditions, nous y avons vu 15.000 greffes sur riparia et vialla, d'une très belle venue.

Nous louerons surtout chez M. Bonnard l'esprit d'initiative intelligente, trop rare chez certains cultivateurs. Les résultats très satisfaisants qu'il a obtenus sont cependant de nature à encourager à suivre son exemple.

Aux Broyers, commune de La Chapelle-de-Guinchay, M. César Desvignes, en dehors de ses vigneronnages, cultive directement un domaine de seize hectares. Aujourd'hui, dix hectares sont reconstitués en vignes greffées et en plants de producteurs directs. Les plus anciennes greffes ont sept ans.

M. César Desvignes a été l'un des premiers dans notre département à entrer résolument dans la voie de la reconstitution du vignoble par les plants américains. Il avait d'abord essayé de défendre ses vignes à l'aide du sulfure de carbone; il y a renoncé depuis l'année dernière. Pour la reconstitution, il a eu de grosses difficultés à surmonter, en raison de la nature de son sol : terrain argilo-siliceux d'une profondeur de 65 centimètres, froid et demandant une fumure abondante. Dans certaines parties, le terrain est plus ferrugineux et plus compact.

Les greffes sur riparia, solonis et vialla présentent généralement une végétation assez faible, mais la fructification est bonne et assez abondante. C'est l'elvira qui réussit le mieux dans cette nature de sol, les greffes faites sur cette variété sont plus belles que les autres.

M. César Dèsvignes possède une fort intéressante collection de producteurs directs, soit en pépinières, soit en grande culture. Voici les observations faites sur la plupart d'entre eux :

Elvira de 7 ans, belle végétation et un peu de fruits.

Cornucopia n'est pas atteint du mildew, mais son raisin parait souffrir.

Noah, très belle végétation, fruit assez abondant. Le noah doit être planté à de grandes distances pour être productif. Des plantations de cette variété faites à des intervalles différents nous ont permis de noter cette remarque.

Cynthiana a repris difficilement sur bouture, aussi, pour l'utiliser, semble-t-il nécessaire d'employer le marcottage.

Black Pear donne très peu de fruits.

Jacquez, belle végétation, les fruits sont bien mûrs, mais il faut dire que les plants presque adossés à un espalier sont dans une exposition très favorable.

Brandt, peu de végétation, peu de fruits, maturité très tardive.

Secretary, beau et très mûr. Pas de mildew et cependant n'a pas été sulfaté.

Pour ces différentes variétés, M. Desvignes emploie la taille longue et en cordons.

Nous avons également remarqué de très belles plantations d'othello de deux ans, ainsi que des pépinières très importantes de porte-greffes et de plants greffés, ces derniers très entamés par le mildew et les vers blancs.

M. C. Desvignes fait cultiver à la charrue, 1 m. 10 en tous sens. Il ne laisse reposer son terrain que trois ans pour la reconstitution des vignes américaines.

Nous avons adressé à M. César Desvignes et nous lui renouvelons toutes nos félicitations pour son intelligente initiative et pour l'utile et salutaire exemple qu'il a donné.

Les observations faites chez M. CONDEMINAL à La Chapelle-de-Guinchay sont pour le moins aussi intéressantes. Nous avons trouvé cinq hectares de vignes reconstituées en vignes greffées dont les plus âgées ont cinq ans.

M. Condeminal dirige lui-même sa culture. Très laborieux, très zélé, homme de progrès et d'initiative, il a eu de sérieuses difficultés à surmonter à cause de la nature de son sol qui se compose, pour une partie, de terrains argileux et profonds exposés au nord et au midi, et pour l'autre partie, de terrains argilo-siliceux d'une profondeur de 30 à 40 centimètres, avec sous-sol imperméable. M. Condeminal est parvenu à vaincre tous les obstacles grâce à sa persévérance et à son étude approfondie des questions viticoles. Il a obtenu de bons résultats en se servant de la charrue et en donnant à ses vignes de nombreuses façons toutes faites par un beau temps. Cette année, par exemple, les vignes n'ont pas reçu moins de cinq façons.

Il a combattu l'humidité par les drainages et par des fumures bien appliquées. Il est aussi partisan du minage fait de bonne heure par un beau temps et nous avons constaté chez lui l'importance qu'il y a à choisir pour cette opération un temps favorable.

Les greffes de M. Condeminal sont faites sur riparia, solonis, vialla et autres variétés.

Celles faites sur riparia donnent plus de fruits et sont plus vigoureuses que celles faites sur solonis, elvira et jacquez.

Comme greffons, M. Condeminal emploie des gamays sélectionnés, des petits bouschet et des alicantes bouschet.

L'ensemble de ses plantations de vignes greffées est magnifique comme végétation et comme production. Les plantations de cette année sont de toute beauté.

Voici quelques renseignements utiles que nous avons recueillis chez ce zélé viticulteur. Au début, M. Condeminal greffait sur table des plants enracinés et les mettait en place immédiatement. Il a obtenu par ce système d'assez bons résultats, mais il l'a abandonné. Aujourd'hui il fait ses greffes en pépinière et les met en place l'année suivante. Il paraît aussi décidé à ne plus employer le vialla comme porte-greffe parce que dans les terrains imperméables cette variété cabuche souvent : le même fait a été observé chez plusieurs autres viticulteurs. Enfin, chez lui, les plants greffés ne sont jamais débutés ; cette opération ne se fait que la deuxième année au printemps. Ses pépinières de plants greffés contenant 90.000 plants préparés avec le plus grand soin et arrivant à une réussite très satisfaisante (moyenne 45 0/0), comme ses pépinières de porte-greffes parfaitement sélectionnées, méritent tous les éloges. Nous avons admiré des pieds de riparia donnant jusqu'à 600 et 1.000 boutures.

M. Condeminal est décidé à ne pas étendre davantage ses plantations d'othello; les raisons qu'il donne de cette résolution sont de deux sortes : 1° la beauté et la production de ses cinq hectares de vignes greffées ; 2° l'anthracnose et la grande quantité de mildew qu'il a constatés sur les pieds d'othello.

Cette année, M. Condeminal a lutté énergiquement contre le mildew auquel ses vignes sont particulièrement sujettes en raison de leur situation. Il n'a pas fait moins de huit traitements soit au sulfate de cuivre seul (1 kil.), soit au sulfate de cuivre uni à l'ammoniaque. L'eau céleste a donné des résultats supérieurs et M. Condeminal est décidé à employer de préférence ce mode de traitement.

Quant à l'anthracnose, il l'a combattue en ajoutant au sulfate de cuivre employé pour les traitements contre le mildew un kilo de sulfate de fer. L'expérience a réussi ; après le traitement, l'anthracnose s'est arrêtée sans que cependant M. Condeminal puisse dire s'il faut attribuer ce résultat au sulfate de fer ou au retour du beau temps qui a suivi le sulfatage.

En résumé, vous le voyez, Messieurs, M. Condeminal mérite largement tous les éloges que nous lui donnions au commencement de cette notice sur ses travaux. Et, à la satisfaction d'avoir obtenu les beaux résultats dont il peut être fier, il peut joindre celle d'avoir donné le meilleur et le plus utile des exemples.

M. Roybet, à Romanèche-Thorins, a présenté à l'examen de la commission cinq hectares de vignes reconstituées en plants greffés sur riparia et vialla. Nous avons admiré chez lui des vignes de trois et de quatre ans dont la végétation est très belle et la production abondante. M. Roybet dont le terrain est granitique et très favorable aux plants américains, n'a pas eu à triompher des difficultés d'adaptation que l'on rencontre dans la plupart des autres contrées du Mâconnais. Cependant l'importance des résultats obtenus est digne d'éloges.

M. Roybet pratique chez lui une greffe d'un genre spécial. Le greffon n'est pas coupé au moment de la plantation et enterré avec le porte-greffe. C'est au mois de juillet qu'il coupe la portion du greffon qui a servi à faire appel de sève et, au printemps, il affranchit la greffe.

Une partie des plantations de M. Roybet ont même été greffées sur plants enracinés et mises en place immédiatement ; les reprises ont été satisfaisantes.

Le vignoble de M. Roybet traité avec un dosage très faible a été complètement préservé du mildew, mais pour apprécier ce traitement, il faut tenir compte des excellentes conditions et du terrain dans lequel on a opéré.

Avant de clore cette revue des propriétés de La Chapelle-de-Guinchay, il faut arrêter quelques instants notre attention sur le vignoble de M. Pollet, propriétaire à Leynes.

M. Pollet n'a pas pris part au concours dans lequel il eût été certain d'obtenir une haute récompense, mais le chapitre de la reconstitution des vignes en Mâconnais serait incomplet si nous ne consacrions quelques lignes aux efforts intelligents que ce viticulteur émérite a faits depuis plusieurs années. Sa propriété située à quelques kilomètres seulement de Mâcon serait visitée avec fruit par les propriétaires et les vignerons de notre région. Ils y trouveraient d'utiles indications. Cette propriété comprenait 32 hectares cultivés en vignes avant l'invasion phylloxérique.

Cette culture, très morcelée, ne comprend pas moins de 81 parcelles réparties sur diverses communes, Leynes, Chasselas, Fuissé et Davayé. La nature des terrains est très variable et il est fort difficile de leur appliquer une formule générale ou même moyenne. On peut cependant dire que ce sont des argilo-calcaires parfois mélangés de marne ou de silice; quelques parcelles sont en terrains granitiques, schisteux, etc.

Les sols sont plutôt profonds que superficiels. Le mode de culture est celui qui est en usage dans le pays par vigneronnage. On cultive à la pioche. On fume tous les cinq ou six ans à l'engrais de ferme.

Les greffages ont été commencés en petit en 1882; on les a augmentés progressivement et on est arrivé au chiffre de 90,000 en 1887 : les greffages sont faits à l'atelier, 1/5 sur plants racinés, les 4/5 sur bouture.

Les porte-greffes employés sont le riparia pour la moitié, le vialla, le solonis, le york, le rupestris pour l'autre moitié.

Pour les greffons, on se sert de divers gamays du Beaujolais pour les deux tiers, du chardonnay, du mourcau et du portugais bleu pour l'autre tiers.

Les reprises moyennes dans ces dernières années ont été de 35 0/0 sur riparia, 60 0/0 sur vialla, 40 0/0 sur york, 25 0/0 sur solonis, 10 0/0 sur rupestris.

En 1883 et 1884 on a fait plusieurs tentatives de greffage en place sur pieds d'un an ; la réussite a été de 10 0/0 à 20 0/0. Aussi a-t-on abandonné ce procédé.

Depuis 1882, trois hectares et demi ont été replantés en vignes greffées. Les résultats de reprise et de végétation ont été bons partout. Les dernières plantations faites avec plus de soin et de méthode sont aussi plus belles. Dans plusieurs parcelles, des points de comparaison ont été établis entre divers porte-greffes, les différences constatées ainsi ont été généralement peu appréciables. Comme fructification, les riparia sembleraient un peu supérieurs, le york viendrait ensuite, puis les autres variétés. Ces expériences sont du reste trop récentes pour que l'on puisse en tirer des conclusions certaines.

Pour l'adaptation générale on a suivi les données fournies par les pépinières de pieds-mères.

Dans le but d'instruire les cultivateurs et aussi de faire la reconstitution avec économie on a cherché à organiser cette reconstitution d'une façon culturale et annuelle.

Chaque vigneron ayant fait ou aidé à faire des greffes à l'atelier a un carré de pépinière spécial où il plante et soigne 4 ou 5,000 greffes qui lui servent à faire des plantations de l'année suivante, le tout de sa main et par ses soins.

Les variétés ou collections à l'étude sont par groupes peu nombreux de 2 à 10 pieds de chaque espèce. Elles comprennent environ 25 variétés pour porte-greffes et 75 variétés d'hybrides à production directe. Ces collections sont âgés de un à sept ans. Quelques variétés paraissent avoir une réelle valeur. Signalons notamment, comme porte-greffe : un solonis Despetis, très vigoureux ; puis les nos 3 et 5 des hybrides Champin, quelques rupestris qui pourront rendre des services dans les terrains secs et calcaires, enfin un riparia scupernon qui paraît rustique et vigoureux.

Comme producteurs directs blancs, nous signalons en première ligne le duchess, variété vigoureuse, suffisamment fertile, dont le fruit très bon ressemble aux raisins de chardonnay, le croton, bon fruit et belle végétation, l'irwing au fruit légèrement foxé, etc.

Dans les producteurs directs rouges, nous ne trouvons rien de bien saillant en dehors des variétés connues. Le secretary paraît une très bonne acquisition, mais le goût musqué de son raisin nuira sans doute à la vinification. Tous ces cépages plantés dans des terrains riches présentent une belle végétation.

M. Pollet a combattu énergiquement le mildew ; en 1886, il a fait deux traitements avec la bouillie bordelaise, le résultat a été passable. Il a employé l'eau céleste en 1887 et a fait trois traitements ; le résultat est inégal, quelquefois bon, quelquefois insuffisant. Six traitements appliqués aux pépinières ont donné de bons résultats.

Vous le voyez, messieurs, la tâche accomplie par M. Pollet est considérable, et on peut prévoir que d'ici à peu d'années il aura achevé la grande et difficile entreprise de la reconstitution de son vignoble. Ce qu'il faut louer surtout chez M. Pollet, c'est la méthode à la fois scientifique et pratique qu'il a adoptée et le soin qu'il prend d'intéresser les vignerons à l'œuvre commune. La Commission décerne à M. Pollet ses éloges les plus vifs et les plus sincères.

Du canton de La Chapelle nous passons au canton de Cluny dont l'importance au point de vue viticole est bien moins considérable, car un cinquième seulement de son territoire était consacré à la culture de la vigne. L'œuvre de la reconstitution du vignoble est aussi beaucoup moins avancée.

Nous avons visité seulement trois propriétés dans ce canton, celles de MM. Roulier et Guillemin à Lournand et de M. Dedienne, maire de Cortambert, à Toury.

Chez M. Roulier nous avons vu quelques plantations de vignes de trois ans petit bouschet greffés sur vialla, dont la végétation et la fructification sont satisfaisantes. Cependant, dans une partie très phylloxérée, le vialla paraissait fléchir ; ce fait n'a rien d'étonnant, car, nous l'avons déjà dit, les terrains argilo-calcaires à sous-sol marneux comme est celui de M. Roulier ne conviennent pas du tout à cette variété. Le même propriétaire possède deux pépinières assez belles, l'une de porte-greffes de trois ans, riparia, solonis et rupestris, l'autre contient 4,800 plants greffés.

En outre, M. Roulier a planté comme essai quelques producteurs directs de diverses variétés : cynthiana, brant, cornucopia, huntington, senasqua, noah, canada, elvira.

M. Roulier est un bon cultivateur dont l'initiative mérite d'être encouragée.

M. Guillemin, maire de Lournand, voulant se rendre compte de la résistance des plants greffés et producteurs directs en a placé quelques-uns au milieu de vignes françaises. Ces plants ont aujourd'hui cinq ans et ont une belle végétation. Nous avons vu, chez le même propriétaire, quelques plantations d'othello de cette année.

M. Dedienne, maire de Cortambert, à Toury, a soumis à notre examen une très belle plantation de 16 ares d'othello racinés en godet, mis en place le 26 juillet. Il a planté, il y a quatre ans, à titre d'essai, 200 pieds de gamays greffés sur riparia et york ; les greffés riparia sont très beaux, les greffés york sont plus faibles. Une plantation de cette année, 350 pieds greffés sur riparia, est d'une végétation moyenne.

Des semis de riparia, solonis, noah, clinton, faits, il y a trois ans, poussent avec une vigueur remarquable et ont donné du fruit cette année.

Les pépinières de M. Dedienne, qui opère dans un sol exceptionnellement favorable pour les vignes greffées (terrain granitique avec alluvions calcaires dans le fond et sur le flanc des coteaux), sont en bon état. Les porte-greffes riparia sont très robustes ; quant à ses 4.000 greffes de gamay et de petit bouschet, elles ont moins de vigueur et leur réussite ne dépasse pas la moyenne ordinaire.

Les vignes de cette propriété ont été traitées au mois de juin et d'août contre le mildew, les résultats obtenus ont été excellents. Voici les formules du traitement employé : 1 kil. de sulfate de cuivre, 1 kil. de carbonate de soude, un tiers de litre d'ammoniaque pour un hectolitre d'eau.

En somme, M. Dedienne mérite des encouragements pour ses efforts et pour les essais bien conduits qu'il a tentés.

De même que dans le canton de Cluny, la vigne n'est pas la culture principale, dans le canton de Saint-Gengoux, elle n'a jamais occupé beaucoup plus d'un dixième du territoire. Les ravages du phylloxera sont maintenant aussi considérables que dans le reste du Mâconnais, et l'œuvre de la reconstitution n'est pas non plus très avancée. Cependant on trouve là d'excellents initiateurs comme MM. de Lavernette, Dunoyer, Chaux et Brusson-Drillin dont nous avons visité les propriétés.

Chez M. de LAVERNETTE, à Burnand, nous avons constaté d'excellents résultats déjà obtenus. Quatre hectares sont aujourd'hui reconstitués en vignes américaines qui ont été greffées une partie il y a trois ans, le reste l'année dernière et cette année. La végétation est magnifique, la production abondante. Les greffes faites sur york, riparia, vialla, solonis et oporto sont fort belles, surtout celles sur solonis. Les greffons employés sont les petits bouschet et les alicante bouschet, très vigoureux, très productifs, mais le dernier est d'une maturité insuffisante.

M. de Lavernette a planté aussi des producteurs directs. Les senasqua âgés de 4 ans présentent une belle végétation, mais peu de fruits. Les othellos, également âgés de 4 ans, sont de toute beauté. Très beaux aussi les cynthiana, les herbemont mauvais.

Le terrain de M. de Lavernette est argilo-calcaire, il a observé que, là où le calcaire domine, le vialla cabuche.

Il a pratiqué avec succès la greffe en place sur porte-greffes de deux ans. Pour cela, il décapite son sujet dix jours avant le greffage pour éviter de noyer son greffon par la montée de sève. Depuis cette année, il couvre même la greffe avec un verre qu'il laisse jusqu'au moment des chaleurs. Cette petite précaution est très efficace. Pour palisser les vignes, M. de Lavernette se sert de fil de fer, il a même inventé un système très économique et qui donne de très bons résultats. Il n'est pas partisan des minages dans les terrains qui sont très argileux et compactes, il prépare la plantation par un bon labour.

Il emploie la taille Thomery. Les pépinières sont bien tenues. Celles de plants directs et de porte-greffes sont bien sélectionnées. L'oporto paraît bien se convenir dans cette nature de terrain.

La commission a été très satisfaite de tous les résultats qu'elle a constatés dans les propriétés de M. de Lavernette qu'elle félicite de ses efforts et de ses succès.

Chez M. Dunoyer, à Saint-Gengoux, nous avons visité plusieurs grandes plantations d'othello de deux ans dont la végétation est splendide, mais notre attention a été surtout attirée par une immense pépinière ne contenant pas moins de 270,000 plants greffés sur riparia, solonis, york et jacquez.

Il opère dans un sol très difficile (terrain argilo-calcaire) mais l'étendue de sa pépinière ne lui permet pas de donner certains soins qui augmentent les chances de succès. Celle-ci n'est ni fumée, ni arrosée; les plants ne sont pas affranchis.

Peut-être M. Dunoyer ferait-il mieux de restreindre son œuvre et de lui donner plus de soins.

M. Dunoyer emploie la stratification dans la mousse, il est aussi partisan des greffes sous châssis dans le sable et le terreau. Enfin il a essayé avec succès des plants greffés en godets.

Ses pépinières de porte-greffes sont très bien sélectionnées et nous avons admiré de magnifiques riparia.

Nous devons lui adresser de bien sincères remerciements ; car, dans la région, il a pris l'initiative du mouvement de reconstitution, il a organisé des cours de greffage et l'atelier qu'il a établi est un modèle par son installation ; tout y est réuni pour faciliter la tâche aux élèves qu'il forme ; des tableaux indiquent les différents modes de greffage et de plantation.

Bref, M. Dunoyer a rendu de réels services à la viticulture, nous lui en exprimons toute notre reconnaissance.

Dans la propriété de M. CHAUX, notaire à Saint-Gengoux, nous avons vu des vignes greffées, agées de 5 ans, d'un bel aspect comme végétation et portant beaucoup de fruits. La plantation de cette année est surtout très réussie. M. Chaux, dont le terrain est argilo-calcaire, pratique la greffe en place sur porte-greffe de deux ans ; jusqu'à présent, il greffait à la fin d'avril ; dorénavant, il ne greffera pas avant le mois de mai. Les résultats obtenus avec ce système sont satisfaisants. Les plantations nouvelles sont très espacées (2 mètres sur 2 mètres) les plus belles greffes sont sur riparia. Il a eu très peu de mildew.

M. BRUSSON-DRILLIN, propriétaire-cultivateur à Saint-Gengoux, nous a montré une plantation de greffes de 4 ans, dans son terrain silico-argileux, bien régulière comme reprise et comme végétation. Dans une autre partie, dont le terrain est calcaire, il nous a présenté de belles greffes de petit bouschet sur riparia et solonis.

Ce propriétaire cultive aussi les producteurs directs, il possède une plantation de senasqua, âgés de 3 ans, dont le raisin est assez sucré et assez franc, et deux plantations d'othello : l'une de 3 ans est très vigoureuse et a donné cette année une récolte abondante, l'autre de 2 ans présente une belle végétation.

M. Brusson-Drillin nous a fait voir aussi 3.000 pieds d'othello mis en place le 26 juin dans un terrain très calcaire ; il a employé le système de la plantation en godets dont il est très partisan et qui lui a bien réussi, car la reprise est très satisfaisante.

Ce propriétaire-cultivateur a droit à tous les encouragements pour ses intelligents efforts.

Non loin de Saint-Gengoux, à Bresse-sur-Grosne, chez M. le comte de Murard, la commission a visité avec intérêt une belle pépinière de 10.000 plants greffés sur riparia, vialla et solonis. Elle a été installée dans d'excellentes conditions, dans un terrain potager, où elle est l'objet des soins les plus attentifs. La plantation des greffes a été faite au piquet. La reprise est régulière ; les solonis sont magnifiques.

Arrivons maintenant aux deux cantons de Mâcon. Le canton de Mâcon Sud est certainement le plus important au point de vue viticole, il comprend les excellents crûs de Pouilly, Fuissé, Solutré, pour les vins blancs, de Davayé pour les vins rouges.

Les ravages du phylloxera dans ce canton sont considérables, une grande quantité de vignes ont été arrachées et l'œuvre de reconstitution ne fait que commencer. Cependant, nous avons visité sept propriétés où les résultats obtenus peuvent servir d'exemple et d'encouragement.

M. Rogeat, vigneron de M. Greuzard à Saint-Clément-lès-Mâcon, nous a présenté une plantation d'othello de trois ans, sur une étendue de cinq ares. La végétation est

2

belle, la production moindre, ce qui s'explique par ce fait que la vigne a été surtout taillée pour avoir du bois, et plantée à un mètre, ce qui est trop rapproché. Huit ares ont été plantés cette année, toujours en othello, la reprise est très satisfaisante.

M. GAUTHERON, notaire à Mâcon, a soumis à notre examen plusieurs propriétés situées à Saint-Clément, à Charnay et à Davayé. A Saint-Clément, dans un terrain de potager, nous avons vu une belle pépinière de porte-greffes de différentes variétés, parmi lesquelles il convient de signaler des riparia et des vialla de trois ans de toute beauté.

La pépinière de plants greffés installée dans un terrain argilo-siliceux profond contient 20.000 plants greffés sur riparia, vialla et york : la reprise est bonne pour les deux premiers, moindre pour le york. Une partie a été greffée sur plants racinés, la végétation en est plus belle, mais la reprise a été inférieure.

Sur la propriété de Charnay, nous avons visité, dans un terrain argilo-calcaire, un hectare de vignes reconstituées en plants greffés de deux ans, cinquante ares en plants greffés d'un an ; la végétation est moyenne, la reprise régulière. Dans ce même vignoble de Charnay, M. Gautheron possède une plantation de seize ares d'othello, dans un sol argilo-siliceux.

A Davayé, les résultats sont magnifiques. Deux hectares ont été reconstitués en vignes américaines greffées, dont les plus anciennes ont quatre ans. Ces vignes offraient un aspect réjouissant, leur végétation était vigoureuse, et elles étaient chargées de raisins. Les petits bouschet et alicante bouschet sont très beaux. Lors de notre visite, les gamay et les petits bouschet étaient tout à fait mûrs, les alicante bouschet étaient au contraire d'une maturité insuffisante.

Nous avons apprécié une fois de plus, dans ce vignoble, l'influence mauvaise du calcaire et de la marne sur le vialla qui se porte bien dans les parties où le calcaire ne domine pas et qui s'affaiblit et périclite lorsque la proportion du calcaire augmente.

Le mildew a été combattu par deux traitements au dosage ordinaire qui ont suffi ; toutefois il faut dire que cette propriété est dans d'excellentes conditions d'exposition.

La Commission a été particulièrement heureuse des résultats considérables qu'elle a constatés dans le vignoble de M. Gautheron, qui est parfaitement tenu et qui, nous l'espérons, servira d'exemple.

Chez M. Déthieux, à Davayé, dans un terrain d'alluvion contenant un peu d'argile, on nous a montré une jolie plantation de gamay, petits bouschet et alicante bouschet greffés sur riparia et vialla qui avaient beaucoup de fruits. Une autre plantation de vignes greffées d'un an, sur riparia, dans un lot de vingt-six ares, s'annonce très bien, la reprise est très régulière.

M. Jean-Marie Cortambert, vigneron à Levigny, chez M. Ducoté, de Charnay, mérite une mention toute spéciale pour ses essais et pour ses efforts. Ils nous a présenté une pépinière de 1.500 plants greffés par lui sur riparia et solonis, la végétation en est magnifique, la reprise on ne peut plus satisfaisante.

Il a préservé ses greffes du mildew en employant une dose de sulfate de cuivre extrêmement forte (12 kilos par hectolitre). Les plants n'ont pas souffert de ce traitement si énergique et ont une vigueur peu commune.

Les résultats observés chez M. Charton, propriétaire à Collonges, commune de Prissé, sont très importants. Six hectares ont été reconstitués en vignes greffées de un, deux et trois ans. Les vignes de trois ans ont dû être recourues.

La plantation faite cette année avec des racinés en godets, est d'une reprise assez régulière, mais la végétation laisse un peu à désirer. Le terrain est argilo-calcaire avec sous-sol en rocher. Les porte-greffes employés sont le riparia, le york et le solonis, le riparia principalement ; les greffons sont des gamays, des moureau, des hybrides bouschet.

La pépinière de M. Charton, installée dans un terrain très argileux, contient 15.000 greffes sur riparia, solonis et york. Les riparia, greffés surtout, viennent très bien.

Ce même propriétaire possède une grande plantation d'othello de deux ans et de trois ans. Là, nous avons à noter sur des fruits très mûrs des différences très sensibles dans le goût du raisin d'othello, ceux de certains pieds étant beaucoup moins foxés que les raisins d'autres pieds placés dans le même terrain et suivant la même exposition.

M. Charton emploie la taille Guyot, il se propose d'essayer la taille à courson des treilles. Ses vignes sont conduites sur fil de fer. Il n'a pas recours au minage, il se contente d'un bon défonçage fait à la charrue.

M. Charton est certainement l'un de ceux qui ont le plus fait pour la reconstitution de leur vignoble.

M. LARDET, propriétaire-cultivateur aux Boutteaux, commune de Prissé, possède une plantation de vingt ares en othello de deux et d'un an, qui prospèrent dans un terrain argilo-siliceux-calcaire.

Nous avons aussi visité chez cet intelligent cultivateur de jolies greffes de trois ans.

Le vignoble de la Combe, appartenant à Mme DES TOURNELLES, est dans un état de reconstitution qui fait le plus grand honneur à sa propriétaire et mérite de sincères éloges.

Quatre hectares et demi sont reconstitués en riparia et vialla greffés, bien réussis, ils prospèrent dans un terrain argilo-calcaire. Cependant des greffes de trois ans et de deux ans placés dans un sol marneux où le calcaire domine, et où la couche végétale est très faible, n'ont qu'une faible végétation.

Deux hectares et demi ont été reconstitués en othello qui sont en bon état.

La pépinière de porte-greffes, riparia, solonis et vialla, est belle et bien installée. Quant à la pépinière de plants greffés, elle présente un bel ensemble; toutefois les quelques irrégularités qui ont été observées ont peut-être pour cause une fumure insuffisante et un arrosage défectueux.

Toutefois, les résultats obtenus nous font un devoir d'adresser à Mme des Tournelles les éloges de la Commission.

Dans le canton de Mâcon-Nord, l'œuvre de reconstitution est encore moins avancée que dans le canton de Mâcon-Sud.

Votre commission a visité, dans ce canton, cinq propriétés, celles de MM. Giroux, Senaillet, Lapray, Jacquier et Mercier.

Chez M. GIROUX, propriétaire-cultivateur à Hurigny, nous avons constaté la reconstitution d'un hectare de terrain argilo-calcaire en vignes greffées sur riparia. Les plus âgées ont cinq ans. L'ensemble est satisfaisant et de bel aspect, la reprise régulière.

Malheureusement, les plantations de cette année ont eu beaucoup à souffrir des vers blancs; celles qui ont été préservées sont magnifiques. M. Giroux a bien installé sa pépinière et fait ses greffes lui-même.

Il possède également d'importantes plantations d'othello d'un an et de deux ans.

M. Giroux a combattu le mildew par trois traitements avec l'eau céleste. Il a ensuite fait d'intéressants essais de dosage qui ont donné de très bons résultats.

En somme, nous avons trouvé chez M. Giroux, une culture parfaitement tenue où toutes les améliorations nouvelles sont appliquées avec beaucoup d'intelligence et de persévérance. Aussi adressons-nous nos meilleurs compliments à cet excellent cultivateur.

Chez M. Senaillet, à Chevagny, une belle plantation de 20 ares de vignes greffées dans un terrain argilo-calcaire.

Les greffes ont été faites sur riparia enracinés et ont été mises en place immédiatement. Le résultat est bon.

L'entreprise de reconstitution faite par M. Lapray, à Chevagny, dans un sol difficile, terrain siliceux, argilo-calcaire, est des plus intéressantes.

25 ares ont été greffés sur riparia de deux ans. L'opération a été faite au mois de mai, sans avoir décapité à l'avance le porte-greffe. Les résultats sont magnifiques. 8 ares ont été replantés avec des greffes boutures (moureau sur vialla et gamay sur riparia) et mis en place aussitôt après l'arrachage des vignes : l'ensemble comme végétation et reprise est très régulier.

Dans une autre partie de sa culture sur terrain argilo-calcaire, où le calcaire domine, M. Lapray possède une importante plantation de vignes greffées et de producteurs directs. Il a fait dans ce champ d'expériences, qui pourra rendre d'importants services, un minage de 35 centimètres.

Les greffes de gamay, petit bouschet, alicante bouschet sur riparia s'y comportent bien. Celles qui sont faites sur solonis sont plus régulières encore.

Voici les observations recueillies pour les producteurs directs : les othello de 2 ans sont peu vigoureux ; les cornucopia et les senasqua ont été arrachés, l'huntington est faible et se chlorose; le fruit du noah est bien mûr, les grumes se détachent ; le triumph ne mûrit pas.

Nous renouvelons encore toutes nos félicitations à M. Lapray.

M. Charles JACQUIER, avocat, propriétaire à Nancelles, possède une pépinière de 8.000 plants greffés sur solonis, riparia, york et vialla, installée dans un terrain argilo-siliceux, si rebelle qu'il a fallu faire des tranchées et mettre du sable. Dans le sol ainsi préparé, les greffes ont été placées à l'aide du plantoir. Les difficultés ont été surmontées et les résultats sont des plus satisfaisants, surtout pour les greffes sur york et solonis.

M. MERCIER, propriétaire-cultivateur à la Croix-Blanche, a reconstitué ses vignobles avec beaucoup d'intelligence. Il possède 10 ares replantés en vignes greffées de 3 ans, de 2 ans et d'un an, toutes faites par lui. Des greffes de 3 ans de gamay et de petit bouschet sur riparia et vialla ont été placées à côté de vignes françaises de même âge. L'expérience est tout à fait concluante en faveur des vignes greffées dont la végétation puissante fait contraste. Les traitements au sulfate de cuivre (dosage ordinaire) faits le matin ont donné de bons résultats.

La culture principale du canton de Lugny est la vigne, qui occupe le quart de son territoire. Une grande quantité est détruite et déjà arrachée ; l'œuvre de reconstitution n'est pas très avancée, quoique ce canton ait le bonheur de posséder plusieurs viticulteurs de haut mérite, tels que M. de Benoist, l'actif et zélé président de notre syndicat, M. J. Feyeux, M. Michel Feyeux et plusieurs autres.

Trois propriétés ont été visitées dans le canton de Lugny ; ce sont celles de MM. J. Feyeux, Michel Feyeux et Lerouge Richard.

M. Joseph Feyeux, propriétaire à Viré, est un de nos viticulteurs les plus compétents et les plus actifs, un de ceux qui ont le mieux compris la reconstitution et qui se sont mis avec le plus de courage à l'œuvre.

Les plantations de M. J. Feyeux sont déjà nombreuses et occupent une surface assez considérable. Il possède six hectares de vignes reconstituées en plants greffés et qui entreront en pleine récolte en 1888.

Des gamays rouges, greffés sur riparia, sont à leur cinquième feuille et ont donné cette année une abondante récolte.

Toutes les greffes de M. Feyeux sont de gamay rouge et de chardonnay, sur vialla et riparia : ces deux porte-greffes réussissent bien, cependant la végétation du riparia est plus belle et les fruits sont plus nombreux. Nous avons surtout admiré des greffes de deux ans, chardonnay sur riparia, dont la végétation était extraordinaire ; quoique seulement à leur deuxième feuille, beaucoup de pieds avaient des raisins très mûrs et d'une grosseur exceptionnelle.

M. Feyeux continue son œuvre avec une ardeur infatigable. Au printemps dernier, il n'a pas fait moins de 280,000 greffes, malheureusement les vers blancs ont fait des ravages énormes dans sa pépinière.

Ce propriétaire ne fait que la greffe sur boutures et il plante à 1 m. 30 en tous sens. Son terrain gravelo-silico-ferrugineux est excellent; son vignoble est placé dans une très bonne exposition, au soleil levant, à l'abri des vents du Nord et de l'Ouest.

M. Joseph Feyeux a planté également une grande quantité de producteurs directs. Nous signalerons notamment une magnifique plantation d'elvira âgés de cinq ans, d'une fructification réellement extraordinaire. Sur 800 souches environ, M. Feyeux espérait faire, cette année, 8 ou 10 pièces de vin, chiffre qui n'a rien d'exagéré, étant donné le nombre prodigieux de raisins que l'on rencontrait sur certains ceps.

Les cornucopia âgés de 5 ans également, commencent à faiblir sous les attaques du phylloxera. Il n'ont d'ailleurs jamais été bien vigoureux.

En résumé, Messieurs, la Commission a jugé que M. J. Feyeux avait droit aux plus vives félicitations et méritait une haute récompense. Il est juste de dire qu'il a été secondé par son chef de culture, M. Louis Genin, homme laborieux, très intelligent et très expérimenté.

Chez M. MICHEL FEYEUX, également propriétaire à Viré, l'œuvre de reconstitution est moins avancée, un certain nombre de plants greffés ont déjà été mis en place, mais ce qui est le plus intéressant chez lui, ce sont ses pépinières, qui sont superbes. Installée dans un sol très riche et d'une grande profondeur, la pépinière des porte-greffes donne des résultats magnifiques.

La pépinière de greffes, installée dans une bonne exposition au midi et au levant, est abritée contre les vents du nord, assez fréquents dans le pays, par un grand mur. Le terrain, à peu près semblable à celui de la pépinière de porte-greffes, est d'une grande richesse ; il a une profondeur de terre végétale de trois mètres.

Le minage a été fait, partie il y a deux ans et partie l'année dernière, par un beau temps, à une profondeur de 50 centimètres, et la fumure à l'engrais de ferme est abondante. La pépinière compte environ 40.000 greffes ; celles qui sont dans la partie défoncée il y a deux ans sont d'une très belle venue.

La moyenne de reprises des greffes faites sur riparia, vialla et york est de 61 0/0 ; les greffes en place sont les hybrides bouschet, les gamay et les moureau.

Dans les parties minées l'année dernière, la réussite

est bien moins satifaisante, c'est à peine si l'on compte 15 0/0 de greffes reprises et soudées.

Cette différence de reprise et de soudure doit être attribuée à ce que l'ancienne pépinière possède un sol plus travaillé et mieux divisé.

M. Richard Lerouge, propriétaire-cultivateur à Bissy-la-Mâconnaise, a replanté trente-cinq coupées de vignes, près d'un hectare et demi. Sur les trente-cinq coupées, cinq ont été greffées sur place en 1886 et 1887. M. Lerouge compte greffer les autres au printemps prochain, au fur et à mesure que les riparia et les jacquez lui paraîtront assez forts pour supporter l'opération.

D'après ce propriétaire, le moment favorable pour faire la greffe en place est celui où la sève est encore en repos, mais au moment de monter. Il a remarqué qu'il y a une affinité énorme entre la sève américaine, et celle des hybrides bouschet. Ainsi, tandis qu'il a obtenu un résultat extraordinaire avec le petit bouschet, l'alicante bouschet et le grand noir de la Calmette, qui ont donné 80 et 85 0/0 de reprise, il n'a réussi que très médiocrement avec les cépages du pays, gamay, moureau, etc.

Les résultats obtenus par M. Richard Lerouge sont très intéressants et font le plus grand honneur à son esprit d'initiative et à son travail.

Vous avez certainement remarqué, Messieurs, qu'au cours de ces notes sur les diverses propriétés que nous avons visitées, souvent il n'est fait aucune mention des traitements défensifs contre le phylloxera à l'aide du sulfure de carbone.

La raison de ce silence est que, dans presque toutes les cultures, ces traitements ont été pratiqués au début de l'invasion, puis abandonnés à cause de la médiocrité des résultats obtenus.

Cependant, dans le canton de Mâcon-Sud, nous trouvons

une très remarquable exception : le vignoble appartenant à M. Ballendras. Il est situé dans un terrain silico-argileux, il ne contient ni plantations de vignes greffées ni de producteurs directs, toutes les vignes sont françaises.

M. Ballendras a conservé ses vignes grâce aux traitements au sulfure de carbone et à une culture remarquablement bien faite.

En parcourant les plantations de M. Ballendras, âgées de 4 et 5 ans, on ne voit aucune tache, la végétation est régulière quoique assez peu vigoureuse.

Les traitements au sulfure de carbone sont faits tous les ans à l'automne, en employant le dosage ordinaire, les vignes sont fumées tous les trois ans. Les vignerons de M. Ballendras ont été, du reste, récompensés de leurs soins et de leurs peines; ils ont fait encore cette année une récolte assez abondante.

Quoique M. Ballendras, qui n'a pas encore de plantations de vignes greffées ni de producteurs directs et qui s'est borné jusqu'ici à établir une pépinière de porte-greffes et à faire quelques essais de vignes greffées, ne soit pas dans les conditions prévues dans notre concours, il nous a semblé qu'une propriété aussi bien dirigée méritait l'honneur d'une mention et d'une récompense.

De même, nous classons dans cette catégorie spéciale, la propriété de M. Bouilloud, en raison de la façon remarquable dont il a combattu le mildew et maintenu les vignes françaises.

La propriété de M. Prosper Bouilloud, notaire à Viré, est située à la Verzée, commune de Saint-Gengoux-de-Scissé; elle comprend 25 hectares de vignes indigènes, âgées de 10 à 50 ans. Plantée dans un terrain argilo-calcaire, très profond, assez frais et à sous-sol marneux, la vigne y végète admirablement et se défend avec une ténacité bien rare dans notre région contre les atteintes du phylloxera.

M. Bouilloud sulfure ses vignes en juillet dans les parties atteintes; malgré cela, nous avons constaté plusieur taches phylloxeriques et il est à craindre que ces belles vignes ne disparaissent d'ici trois ou quatre ans.

M. Bouilloud n'a pas encore commencé la reconstitution ni établi de pépinière en vue de l'avenir; il possède seulement une petite parcelle d'othello âgés de deux ans, et en outre, plusieurs pieds de gamay greffés sur riparia et vialla.

Il a surtout appelé l'attention de la Commission sur les résultats obtenus par le sulfatage, résultats très beaux. Deux traitements ont été faits, le premier à la fin de juin (dosage 500 grammes de sulfate de cuivre, 3/4 de litre d'ammoniaque par hectolitre); le second du 25 juillet au 10 août (dosage un kilo de sulfate par hectolitre avec addition d'un peu de chaux pour blanchir et permettre de suivre le travail fait par les ouvriers).

Dans toutes les parties ainsi traitées, les vignes avaient conservé leurs feuilles, les raisins étaient très beaux et mûrs.

Deux parcelles voisines, au contraire, appartenant à d'autres propriétaires qui avaient jugé le traitement inutile, présentaient l'aspect le plus attristant.

Nous avons fini cette revue des propriétés; peut-être vous semblera-t-elle un peu longue, mais il nous a paru nécessaire de ne laisser dans l'ombre aucun effort, afin de mieux stimuler les cultivateurs et de leur prouver que, partout où l'on a voulu, on a réussi.

Voici l'ordre dans lequel la Commission a classé les propriétés et décerné les récompenses :

PRIX D'ENSEMBLE

MM. Condeminal............ Médaille d'or.
.Joseph Feyeux......... — de vermeil.

MM. C. Desvignes .... Medaille de vermeil.
de la Vernette.......... — d'argent.
Lapray.................. — —
Charton................ — —
Giroux................. — —
Mme des Tournelles.......... — —
M. le docteur Vaffiér.......... — de bronze.
M. Bonnard................ — —

1° PÉPINIÈRES VIGNES AMÉRICAINES.

MM. Dunoyer .... Médaille d'argent.
Michel Feyeux .... — de bronze.
Gautheron.............. — —
Ferret .... — —

2° PÉPINIÈRES VIGNES GREFFÉES.

MM. Michel Feyeux........... Médaille de vermeil.
Gautheron.............. — argent.
J. Jacquier............. — —
Comte de Murard......... — bronze.
Dedienne............... — —

3° PLANTATIONS VIGNES GREFFÉES.

MM. Gautheron (Davayé)....... Médaille de vermeil.
Roybet .... — argent.
Lerouge .... — —
Brusson-Drillin .... — —
Mercier .... — —
Déthieux .... — —
Senaillet .... — bronze.
Chaux .... — —
Ferret .... — —
Lardet................. — —

MM. Dedienne. . . . . Médaille de bronze.
    Raillier . . . .   —   —

4° PLANTATIONS DE PRODUCTEURS DIRECTS.

MM. Dunoyer. . . . . Médaille de vermeil.
    Brusson-Drillin . . . .   —   argent.
    Dedienne. . . . .   —   —
    Lardet. . . . .   —   bronze.

PÉPINIÈRES VIGNES GREFFÉES.

M. Cortambert, vigneron de
    M. Ducoté. . . . . Médaille d'argent.

VIGNES TRAITÉES AU SULFURE.

M. Ballandras. . . . . Médaille d'argent.

TRAITEMENTS AU SULFATE DE CUIVRE.

M. Prosper Bouilloud. . . . . Médaille d'argent.

Nous n'aurions garde d'oublier non plus les modestes auxiliaires de nos viticulteurs, les chefs de culture et les vignerons. Les efforts et les sacrifices d'un propriétaire demeurent le plus souvent stériles, si le chef de culture et le vigneron ne le secondent de toute leur bonne volonté et de tout leur travail.

Parmi les chefs de culture qui ont droit à des félicitations et à une récompense, nous citerons en première ligne, M. Genin, le très intelligent chef de culture de M. Joseph Feyeux ; puis MM. Poncet, chez M. Roybet, très laborieux et travailleur ; Foulon, qui s'occupe avec le plus grand soin de la pépinière de Mme des Tournelles ; Jean Dubois, chez M. César Desvignes. La commission a décerné à tous ces zélés régisseurs des médailles d'argent.

MM. Lamain, jardinier chez M. J. Jacquier; Berthoud, chez M. Gautheron, et Lutaud, chez M. de la Vernette, ont obtenu des médailles de bronze.

Parmi les meilleurs vignerons, nous nommerons MM. Bonnetain et Lutaud, chez M. Ballandras, cultivateurs de premier ordre; Duclost, vigneron de M. Gautheron, à Davayé, intelligent et très laborieux, il soigne aussi bien ses anciennes vignes que ses vignes greffées. Ces trois excellents vignerons ont reçu des médailles d'argent.

Puis, MM. Bernard, Corsin, Grandjean, Touzet, vignerons de M. Gautheron, à Davayé; Maspin, chez M. Déthieux, et Rojeat, vigneron de M. Greuzard, qui sont aussi des cultivateurs très entendus, ont obtenu des médailles de bronze.

Il nous reste maintenant à parler du concours ouvert entre les pépiniéristes-horticulteurs. Cinq d'entre eux y ont pris part.

M. Penon, horticulteur à Saint-Gengoux, possède seulement une plantation d'othello de trois ans. Elle est installée dans un sol argilo-calcaire profond et plantée à 2 mètres sur 2 mètres; la végétation et la production sont magnifiques.

M. Antoine Loron, pépiniériste à Flacé-lès-Mâcon, nous a présenté une pépinière installée dans un terrain silico-argileux, et contenant 300.000 plants. Malheureusement les dégâts causés par les vers blancs nous ont empêché de bien apprécier la valeur de cette pépinière. Certaines parties relativement épargnées nous permettent cependant de dire que la pépinière de M. Loron aurait pu donner d'excellents résultats. Les greffes sur vialla sont bonnes, assez bonnes sur solonis, passables sur rupestris, faibles sur jacquez.

La pépinière de M. Loron est préparée avec beaucoup de soin et les greffes sont très bien faites et soudées.

M. Lapray, pépiniériste à Saint-Clément-lès-Mâcon, possède de belles collections de plants greffés et de plants directs. Dans ses pépinières de plants greffés, malgré les ravages des vers blancs, nous avons pu voir de belles greffes sur riparia, vialla, solonis, york, taylor.

M. Lapray possède de très intéressantes plantations de vignes greffées, les plus anciennes ont sept ans. Les petits bouschet sont splendides, les portugais bleu également, les alicante bouschet n'étaient pas très mûrs lors de notre visite.

La collection de plants directs est très importante, et curieuse a visiter à cause des observations que cet excellent pépiniériste a faites et que nous devons noter. Il possède de beaux othello de quatre ans et de six ans.

L'herbemont est très productif dans ce terrain où la silice domine; l'huntington donne moins, son raisin est franc de goût, mais contient peu d'alcool; le cornucopia vit mal, il est moins productif que l'othello; le black-défiance est assez productif, mais ne mûrit pas; le noah taillé à long bois est beau comme végétation et fructification, etc.

La commission a complimenté M. Lapray, non pas seulement pour ses belles pépinières, mais aussi parce qu'il a pris à cœur l'œuvre de la reconstitution. M. Lapray est le zélé directeur de nombreux cours de greffage, en outre, les cultivateurs de notre région le trouvent toujours prêt à les aider de ses conseils.

Les pépinières et plantations de M. Gayet, horticulteur à Pontanevaux, sont vraiment bien curieuses. Elles occupent une surface de cinq hectares, dans un terrain argilo-siliceux, fortement siliceux. La culture est parfaitement tenue, avec soin, ordre et méthode.

La pépinière de plants greffés comprend environ

500.000 greffes, dont 400.000 sur boutures de riparia et 100.000 sur vialla, solonis, york, rupestris, jacquez, etc.

Les greffons employés sont pour les deux tiers des gamays beaujolais, pour l'autre tiers, des chardonnay, petits bouschet, alicante bouschet, moureau, portugais bleu. La reprise moyenne est en général de 50 à 60 0/0 et la poussée de 40 à 50 centimètres. Comme porte-greffes, ce sont les york, les solonis et les rupestris qui ont le moins réussi, comme greffons; les chardonnay et les hybrides bouschet ont le plus de vigueur.

L'aspect général des pépinières de greffes est très satisfaisant, on remarque surttout une grande régularité dans la végétation.

M. Gayet possède en outre une pépinière de 350.000 boutures, dont 250.000 riparia, 50.000 othello et 50.000 variétés diverses.

Les pépinières de porte-greffes sont vastes, très complètes. La végétation est magnifique.

Nous avons vu également chez M. Gayet une plantation d'othello de un à trois ans, elle comprend 1.500 pieds, tous très vigoureux, particulièrement ceux de deux ans qui ont de 3 à 5 mètres de poussée, et 50 variétés d'hybrides, le tout en bon état de végétation.

Des pépinières comme celles de M. Gayet, aussi bien pourvues de toutes variétés de cépages, aussi bien dirigées, peuvent rendre à notre région de véritables services.

M. CHARMONT, pépiniériste à Saint-Clément-lès-Mâcon, possède également des pépinières remarquablement bien tenues, installées dans un terrain argilo-siliceux. Sa collection de porte-greffes est aussi complète que possible, nous signalerons surtout les riparia gloire de Montpellier, les riparia cupernon, et les rupestris très bien sélectionnés.

Nous avons visité avec le plus grand intérêt les plantations de plants greffés sur différentes variétés, quelques-unes ont déjà six ans et sont en parfait état.

Nous avons remarqué surtout quelques pieds de bous-chet précoce, ayant une belle fructification et très bonne maturité.

M. Charmont a aussi de nombreuses variétés de plants directs et des plantations d'othello en grande culture d'un an et de deux ans très vigoureux.

Les vastes pépinières de plants greffés de M. Charmont sont magnifiques et elles présentent un ensemble remar-quable sous le double rapport de la végétation et de la reprise.

Enfin M. Charmont a fait, cette année, de très intéres-sants essais de greffes tardives, placées dans 40 centimètres de sable de Saône pur, sans fumure. Il a seulement le soin de bassiner tous les soirs ses plantations. Des greffes de gamay et moureau sur riparia, plantées suivant ce système le 1er juin, sont magnifiques et d'une belle végétation. La reprise est de 70 0/0 environ. Des greffes plantées le 27 juin et le 2 juillet pourront encore — en grande partie du moins — servir pour les prochaines plantations. Un der-nier essai fait le 18 juillet a même donné une reprise satisfaisante, mais les greffes sont peu poussées, il faudra les repiquer. Le fait le plus intéressant à retenir de cette expérience, c'est la bonne qualité de la soudure des greffes faites dans le sable. Certaines d'entre elles n'ont pas été ligaturées au moment de la plantation, elles sont quand même fortement soudées.

Quoique les pépinières soient dans une région très expo-sée au mildew, M. Charmont les a victorieusement défen-dues. Il n'a pas fait moins de six et même sept traitements en ayant soin d'opérer toujours après la pluie.

La Commission adresse à M. Charmont ses plus com-plets éloges pour la beauté et la culture très soignée de ses pépinières, ainsi que pour ses nombreux et intelligents essais.

Voici l'ordre dans lequel la Commission a classé les pépiniéristes qui ont pris part au concours :

MM. Charmont .... Médaille de vermeil.
     Gayet..................   —   d'argent.
     Lapray ....   —   —
     Loron ....   —   —
     Perron................   —   de bronze.

Sulfure de carbone.

Il nous reste maintenant, Messieurs, à résumer les impressions que la commission a rapportées de cette sorte d'enquête et de vous présenter un coup d'œil d'ensemble, ou, si vous le voulez bien, à dresser, pour ainsi dire, le bilan de la situation viticole dans le Mâconnais, soit au point de vue de la défense, soit au point de vue de la reconstitution.

Le seul insecticide employé dans notre arrondissement est le sulfure de carbone, l'emploi des sulfocarbonates étant impossible. Le sulfure, comme vous avez pu le remarquer au cours de ces observations, n'a donné que des résultats insuffisants. Cela tient généralement à ce que la nature du sol se prête mal à ce genre de traitement. La plupart de nos terrains sont argileux ; malgré toutes les précautions prises, la diffusion des vapeurs du sulfure ne se produit pas, ou se fait très irrégulièremeut. Aussi, sauf dans quelques cas particuliers, les traitements au sulfure de carbone sont abandonnés. Dans les rares cultures où ces traitements ont été pratiqués avec succès, ou même seulement dans des conditions passables, l'existence des vignes a été prolongée. Mais leur végétation comme leur fructification est faible. Tous les ans leur vigueur diminue, c'est à peine si elles

indemnisent les cultivateurs des frais faits pour les conserver, car, outre les frais de sulfurage, elles ont besoin d'une
forte fumure. Il faut donc, à tout prix, se tourner entière-
ment vers l'œuvre de la reconstitution du vignoble par les
plants résistants, puisqu'on peut dire d'une manière générale que les anciennes vignes françaises n'existent plus.

Reconstitution.

Malheureusement le mouvement de reconstitution est
bien lent en Mâconnais et il a besoin d'être encouragé. Les
essais faits, ceux notamment que nous avons cités, doivent
cependant nous donner de l'espoir. La vue des plantations
greffées de cinq, six et sept ans est faite pour nous encourager. Les viticulteurs qui ont prêché d'exemple ont eu de
réelles difficultés à surmonter pour le greffage et l'adaptation, mais la plupart sont déjà récompensés de leurs peines.

Quant aux producteurs directs, ils sont en faveur auprès
de beaucoup de viticulteurs de notre région.

Les plantations d'othello de 4 et 5 ans que nous avons
visitées sont belles. Les autres variétés, cornucopia, elvira,
noah, senasqua n'ont réussi que dans des plantations de
faible étendue ; on a même, en certains endroits, renoncé
définitivement au cornucopia et au senasqua.

Résistance.

Les vignes américaines greffées ou non sont-elles réellement bien résistantes ? Telle est la question que vous
entendez encore souvent poser et discuter. En se basant
sur les résultats acquis en Mâconnais, il est bien difficile
de donner une réponse absolument affirmative. Les vignes
greffées les plus anciennes chez nous n'ont que sept ans et
elles sont rares. Cependant la force de leur végétation,
l'abondance de leur production sont faites pour nous rassu-

rer et nous donner confiance. Ajoutons que si certaines vignes greffées ont présenté à certaines époques des arrêts de végétation ou si même leur tenue actuelle est faible, on reconnaît que ces résultats ont pour cause une mauvaise adaptation. Par exemple, au début, le vialla était très employé comme porte-greffe dans notre contrée, il est reconnu aujourd'hui qu'il s'adapte mal dans la majorité de nos terrains, où le calcaire domine souvent.

Pour les producteurs directs, il serait aussi difficile de répondre à la question ci-dessus avec preuves péremptoires à l'appui, les plantations de ce genre étant plus récentes encore chez nous que les autres. Cependant, nous devons reconnaître que nous n'avons eu aucun accident à constater dans les plantations d'othello. En somme, partout où l'adaptation a été bien étudiée et bien comprise les résultats sont satisfaisants sous le double rapport de la végétation et de la production.

Tenue de la greffe.

Pour les raisons que nous venons d'exposer, il nous serait difficile d'émettre une opinion appuyée sur des faits et sur l'expérience, dans notre région, au sujet de la tenue de la greffe. Nous pouvons dire seulement que, dans les vignes les plus anciennes que nous avons visitées, la soudure est excellente, parfaite, et que l'on ne nous a signalé de ce chef aucun mécompte.

Production de la vigne greffée.

Toujours à cause de la jeunesse des plantations nous ne pouvons évaluer d'une façon précise la production de la vigne greffée. Les cépages employés, le mode de taille de la vigne rendent sa production très variable et l'appréciation très difficile. Néanmoins on peut affirmer, sans crainte d'être contredit, que la production des vignes greffées est égale comme qualité et bien supérieure comme quantité à celle des anciennes vignes françaises.

Producteurs directs.

L'*othello*, nous l'avons dit, est de tous les producteurs directs, celui qui est le plus en faveur dans le Mâconnais. Il s'adapte assez facilement dans la plupart des terrains, mais les sols profonds et suffisamment frais lui conviennent surtout, tandis que dans les terrains secs et calcaires il végète mal.

L'othello a fait des preuves de résistance partout où il s'adapte bien, il produit beaucoup et est plus fertile que le gamay, mais ses raisins sont moins juteux ; il donne un vin défectueux, foxé, et peu alcoolique.

Le *cornupia* ne résiste que dans les sols où il a une grande végétation ; il est assez fertile, surtout à taille longue, mûrit de bonne heure, son raisin a un goût particulier, il redoute les gelées à cause de son débourrage hâtif.

Le *noah* est très résistant, il demande à être planté à grande distance et taillé à long bois. Il produit assez et donne un raisin assez riche en alcool. Cette variété, à cause de sa résistance, pourrait être employée comme porte-greffe.

Le *senasqua* doit être abandonné, car il donne des fruits à goût foxé et en donne fort peu ; en outre, sa végétation n'est pas puissante et son adaptation est difficile. Sa résistance est très douteuse.

L'*Elvira* est moins résistant que le noah, il donne un vin de mauvaise qualité, d'un goût foxé qui se perd un peu avec le temps.

Le *Black-Défiance* donne un beau raisin qui est foxé ; mais on a lieu de craindre que, dans les années froides, il ne mûrisse pas dans notre région.

Le *Cynthiana* reprend difficilement sur boutures, sa maturité est insuffisante, sa production faible.

Le *Huntington*, hybride de riparia et de rupestris, est exempt des maladies cryptogamiques, produit même en grande quantité un raisin qui a un goût spécial et on ne sait encore de quelle qualité sera son vin. Il pourrait être essayé utilement comme porte-greffes.

Le *Brandt* est peu utilisable en raison de son insuffisante fertilité. Il donne un fruit légèrement musqué.

Le *Canada* est vigoureux, il donne un raisin franc de goût, mais sa production semble insuffisante.

Le *Duchess* est très vigoureux, et suffisamment fertile. On l'étudie au point de vue de la résistance et de l'adaptation.

Le *Triumph*, dont la végétation est puissante, les fruits beaux et abondants ne mûrit pas suffisamment.

Le *Secrétary* est exempt de mildew, il mûrit bien, mais le goût musqué de son raisin gênera peut-être la vinification.

L'*Herbemont* est assez résistant, sa maturité est insuffisante.

Le *Saint-Sauveur* est à l'étude dans notre région, il produit de beaux raisins bien francs, aussi espérons-nous, en le souhaitant, qu'il s'adaptera bien dans nos terrains. Sa maturité est précoce.

Adaptation.

L'adaptation offre dans le Mâconnais les plus grandes difficultés en raison de la grande variété de sols qui ne permet pas d'employer une donnée générale. Il faut étudier chaque parcelle de culture et établir d'après la nature du sol les variétés à employer.

Notre région comprend des terrains d'alluvions, argilo-siliceux, et toutes les variétés de calcaires jusqu'aux marnes irisées. Voici, d'après les observations recueillies, les cépages que l'on peut employer selon la nature du sol.

Toutes les variétés prospèrent dans les terres d'alluvion suffisamment riches et profondes; lorsque les alluvions sont superficielles il faut étudier la nature du sous-sol.

Dans les terrains argilo-siliceux tous les porte-greffes poussent sans accidents, leur végétation est moyenne ou très belle selon la richesse du sol.

On peut employer surtout le york et le rupestris dans les *calcaires* secs, peu profonds, à sous-sol marneux.

Toutes les variétés se comportent bien dans les *argilo-calcaires rouges* qui conviennent au vialla et surtout au riparia.

Dans les *argilo-calcaires peu colorés*, les solonis réussissent très bien, quelquefois aussi le york. Les riparia et vialla y sont vigoureux, mais un peu chlorosés.

De même les riparia et vialla sont chlorosés et rabougris dans les terrains *argilo-calcaires à sous-sol marneux*; l'york et le solonis n'y trouvent qu'une végétation moyenne, on peut y essayer le jacquez.

Dans un sol *argilo-marneux très coloré* (marnes irisées), tous les porte-greffes végètent sans accidents, le riparia tient la tête. Dans un sol *granitique*, au contraire, il faut employer le vialla presque exclusivement parce qu'au bout de quelques années le riparia y faiblit par suite d'insuffisance de végétation.

Mildew.

Nous avons eu cette année, une très forte attaque du mildew. Les traitements au sulfate de cuivre, à l'eau céleste, à la bouillie bordelaise n'ont pas absolument réussi à préserver les cultures qui, par la nature de leur sol ou leur exposition, sont plus sujettes à cette maladie.

A quelle raison faut-il attribuer ces échecs relatifs? Le dosage de sulfate que l'on a réduit presque partout à 1 kil. par hectolitre est-il trop faible? Conviendrait-il d'appliquer des dosages de plus en plus forts au fur et à mesure de la pousse de la vigne? Les traitements n'ont-ils pas été faits au temps et à l'heure propices? Doit-on opérer le matin, de préférence, après une forte rosée ou après la pluie? Les traitements faits n'ont-ils pas été assez nombreux? La bouillie bordelaise peut-elle donner de meilleurs résultats que l'eau céleste?

Telles sont les questions que l'on se pose et l'enquête faite au cours de nos visites ne nous permet d'y répondre qu'imparfaitement. Nous nous bornerons à noter les faits observés, laissant aux cultivateurs le soin d'en tirer la conclusion.

Chez M. Giroux, à Hurigny, une parcelle de vigne, traitée à l'eau céleste avec un dosage de 2 kil. de sulfate, est parfaitement préservée, tandis que la préservation est incomplète dans le reste de la propriété où l'on a employé le dosage d'un kilo seulement.

A Saint-Clément, dans une région très exposée au mildew, MM. Charmont et Lapray ont obtenu d'excellents résultats en traitant le matin et après la pluie.

M. Charmont a employé avec succès la bouillie bordelaise, avec une très petite dose de chaux; il a fait de nombreux traitements.

Enfin, nous ne saurions trop insister sur l'observation suivante : Pour apprécier l'efficacité des traitements, il ne faut pas prendre comme base les vignes françaises; leur état maladif les rend très sujettes au mildew, contre lequel elles luttent très difficilement. La valeur des traitements ne peut être évaluée que d'après les résultats obtenus sur des vignes greffées et des producteurs directs vigoureux.

Anthracnose.

Cette maladie est heureusement très rare dans notre région. Elle s'est manifestée cependant sur quelques variétés américaines, riparia, solonis, rupestris, dans les cultures humides et froides; on la constate aussi sur quelques hybrides américains.

C'est généralement l'anthracnose ponctuée qui est jugée presque inoffensive; c'est surtout l'extrémité des sarments qui est atteinte.

Chlorose.

Cette maladie est aussi assez rare dans notre région. Quelques variétés américaines, mal adaptées, en ont souffert. Mais elle n'est qu'à l'état d'accident.

Tel est, Messieurs, le résultat de nos observations. Il nous reste à en tirer les conclusions pratiques, fruits de l'expérience de viticulteurs intelligents, dont nous avons vu les œuvres.

Puissent ces conclusions être utilement mises à profit par les cultivateurs de notre région et leur éviter les tâtonnements et les mécomptes!

Comme la reconstitution est, chez nous, à ses débuts, nous croyons nécessaire d'entrer dans tous les détails du travail, depuis l'établissement des pépinières, jusqu'aux soins à donner aux plantations.

Pépinières de porte-greffes.

Il faut choisir, pour les installer, le sol le plus riche de la propriété et y pratiquer des défonçages très profonds.

Les plantations doivent être faites à de grandes distances. Il est inutile de se servir de perches pour relever les plants. On peut les laisser courir sur le sol, en ayant soin seulement de les pousser tous dans une même direction pour éviter les fouillis, que l'on empêchera encore mieux en enroulant un peu les branches. Si l'on prend ces précautions, le bois vient bien et les nœuds sont réguliers.

Les variétés employées avec le plus grand succès dans notre région, dans l'ordre où nous les nommons, sont les riparia, solonis, york et vialla; après eux viennent les rupestris, les jacquez et les oporto.

On peut signaler aussi le riparia gloire de Montpellier, le solonis Depetis, le riparia supernon, qui sont de très beaux et magnifiques porte-greffes. Les hybrides Champin sont aussi à l'étude dans notre vignoble.

Il faut sélectionner les porte-greffes et avoir bien soin de développer les pieds les plus vigoureux, portant les plus larges feuilles. Cette recommandation est importante, surtout pour le rupestris.

Pépinières de plants greffés.

Il faut les établir dans un terrain riche, profond, et autant que possible siliceux, choisir un emplacement bien abrité et éviter l'exposition au nord.

Le terrain doit être préparé par un défonçage bien fait et par un beau temps, en ayant soin d'établir à la base un lit de fumure, de façon à ce que la couche de fumier se trouve en dessous de la plantation future. Le fumier employé doit être bien consommé et coupé avec des feuilles et du terreau. Le sol doit être aussi meuble que possible au moment de la plantation.

On peut employer les engrais chimiques dans les pépinières, mais il faut en user avec une grande prudence, après avoir pratiqué les expériences indiquant le dosage à employer.

La *greffe anglaise sur bouture* est la plus généralement employée. Le biseau doit être légèrement creux, cette pratique a pour but d'assurer l'adhérence des lèvres de la greffe, qui est le point délicat du greffage.

Pour faire les ligatures, on doit se servir de raphia peu sulfaté. Une bonne ligature doit disparaître à la fin de juin. La préparation du raphia dépend donc de la différence d'époque entre le greffage et la plantation. La greffe faite, on doit laisser stratifier, pendant environ un mois, dans un lit de sable ou de mousse ; avec la mousse, la soudure commence à se faire, il faut éviter que les enveloppes de mousse soient trop considérables, afin d'empêcher l'échauffement.

La plantation des greffes doit se faire du 15 avril au 15 mai, autant que possible par un beau temps. Le meilleur mode de plantation consiste à ouvrir un fossé en coupant le terrain presque verticalement, avec une inclinaison légère, et en adossant les greffes contre le talus. Après avoir butté la greffe dans le fond du fossé, on l'arrose légèrement avant de la recouvrir tout à fait. Le sommet du greffon doit être complètement recouvert de sable. Dans la majorité des cas, l'arrosage d'été n'est pas indispensable. Il faut surtout ne pas arroser avec l'eau de source, qui est trop froide.

Pour augmenter les chances de réussite, on peut, en plantant la greffe, mettre un peu de terreau et de sable dans le fossé.

Dans les sols sablonneux, on peut faire les plantations au piquet. Si on plante dans un terrain argileux, on peut couper son terrain par des tranchées garnies de sable, et planter au piquet dans ces tranchées.

Les rangées ne doivent pas être trop rapprochées, l'espacement intercalaire doit être au moins de 30 centimètres entre les rangées et de 6 centimètres entre chaque greffe.

Quand les rangs sont trop rapprochés, la végétation souffre. Le sevrage doit se faire à la fin du mois d'août; pour qu'il soit plus complet, on laissera pendant quelques jours la greffe déterrée. Si l'on opère sur de grandes étendues, on peut se contenter de laisser pendant quelques jours la greffe déterrée, les racines qui se trouvent à la greffe se dessèchent et le sevrage se produit naturellement.

Les *greffes faites sur enracinés* et sur table ont une végétation un peu supérieure à celle des greffes en bouture, mais la proportion de reprise est souvent moins forte.

Tous les essais de greffes sur enracinés, mises en place immédiatement, ont donné de mauvais résultats.

Quant à la greffe sur place, c'est une opération très délicate, exigeant une main habile et très exercée. Ce système a donné quelquefois de bons résultats, mais il offre le grave inconvénient de présenter des vignes où il y a de nombreux manquants par suite de l'irrégularité des reprises. Il peut être employé dans quelques cas particuliers, notamment dans une plantation pour regreffer les sujets affranchis.

Quels greffons faut-il employer de préférence? Les greffons de cépages à grande végétation donnent d'excellents résultats. Citons parmi les meilleurs, le portugais bleu qui est très fertile et se soude bien. Le petit bouschet qui, dans notre région, paraît être le plus facile à acclimater et le meilleur des hybrides de cette variété est très productif et se soude facilement.

La soudure se fait également très bien avec les autres hybrides bouschet, mais il ne faut les employer qu'avec réserve, puisqu'il reste des doutes sérieux sur la qualité de leur production et sur leur maturité.

Les plants du pays, gamay, chardonnay, moureau, s'adaptent bien au greffage, et sur nos bons coteaux, on doit leur donner la préférence.

Quant aux porte-greffes, voici comment, d'après l'expérience, on peut les classer dans notre région, au point de vue de la facilité de la reprise.

1° Vialla. Il reprend très bien.

2° Riparia. Là où ce plant convient, il faut l'employer en raison de sa riche fructification. Sa reprise est aussi très satisfaisante.

3° Solonis est un peu plus difficile à la reprise.

4° York vient après, il craint beaucoup l'humidité, mais réussit bien dans les années sèches.

5° Rupestris est d'un greffage difficile.

6° Oporto. Ce plant, qui est très résistant et doué d'une végétation puissante, a besoin d'être encore étudié, il paraît malheureusement donner des résultats peu satisfaisants par la reprise des boutures et des greffes.

Enfin une des questions qui intéressent le plus nos vignerons est celle-ci : Sur quelle moyenne de reprise faut-il compter? Voici la réponse : Avec un greffage bien fait, une pépinière bien soignée, on peut arriver facilement à une moyenne de 40 0/0. Nous nous basons pour donner ce chiffre sur les résultats que nous avons enregistrés au cours de nos visites.

Les vers blancs ont fait, cette année, un tort considérable aux jeunes greffes, aussi ne saurait-on trop recommander aux vignerons de détruire tous les vers blancs pendant les façons et de ne pas négliger les façons d'été. Une mesure préliminaire des plus nécessaires c'est le sulfurage à haute dose, un mois avant de planter. Nous ne saurions trop recommander de multiplier les traitements au sulfate dans les pépinières généralement très susceptibles aux atteintes du mildew.

Défonçage. — Le défonçage est absolument nécessaire pour une bonne plantation. La profondeur à laquelle il doit être fait varie suivant la nature du sol. Dans les terrains très argileux, il importe de ne pas défoncer profondément afin de ne pas ramener l'argile à la surface, ce qui a l'inconvénient d'enterrer la greffe.

Dans cette nature de terrain il faut surtout, par des minages bien dirigés, chercher à drainer le sol et à faciliter l'écoulement des eaux.

Le défonçage doit être fait de bonne heure et par un beau temps, deux recommandations également utiles pour la réussite des plantations. Il est inutile de fumer pendant le défonçage, si le terrain est bien reposé.

Enfin, nous terminerons ces conclusions pratiques par les conseils relatifs aux plantations.

Plantations de plants greffés.

Plusieurs conditions peuvent faire varier le degré d'espacement qui doit différer suivant la nature du sol, celle du porte-greffe et du greffon. On peut établir comme règle générale un espacement variant de 1 m. 10 à 1 m. 30.

La meilleure époque pour planter est le printemps, la plantation d'automne a bien ses avantages, mais elle est d'une application difficile et il ne faut surtout pas l'essayer dans les terrains froids et humides.

Il ne faut planter que les greffes bien soudées, et laisser les racines franches.

Le trou doit être assez grand et les racines doivent être, autant que possible, placées dans de la terre fine et bien meuble.

Après avoir recouvert les racines avec de la terre on peut mettre un peu de terreau. Si l'on plante dans un terrain sec, on peut, après avoir recouvert les racines, arroser légèrement avant de combler complètement le trou.

Le point de soudure sera légèrement entouré et le plant bien butté.

A la fin de l'année, on déterrera et on nettoiera en ayant soin de couper les racines qui se seraient formées au point de soudure. Puis on buttera soigneusement avant l'hiver.

Fumure. — Nous donnons le conseil de fumer les plantations à la deuxième feuille. A cet âge, le développement des racines est assez considérable pour bien profiter de la fumure.

Taille. — En principe, il faut approprier la taille à la vigueur des pieds. Sur les gamays, on évitera les longs bois. On augmentera les coursons suivant la force des ceps.

Pour les autres cépages, il convient de leur conserver la taille de leur pays.

La taille Guyot, faite d'une façon rationnelle, pourra être employée sur les pieds à grande végétation. Il y a, d'ailleurs, sur ce sujet, toute une étude à faire, l'expérience seule pourra trancher certaines questions pendantes.

Plantations de plants directs.

Ces plantations doivent être faites en avril, avec un espacement variant de 1 m. 30 à 1 m. 70.

La question de la taille des plants directs a besoin d'être encore étudiée, cependant on peut dire que l'othello n'aime pas la taille à long bois, il faut la taille à coursons si on veut conserver une bonne régularité dans la végétation. Le noah et certaines autres variétés peuvent se tailler à long bois.

C'est après l'expérience de deux ou trois années qu'on aura sur ce sujet des données certaines.

Frais de reconstitution.

La question de dépense a pu arrêter beaucoup de propriétaires très éprouvés par la diminution énorme de leurs revenus. Cependant, avec le système de vigneronnage usité dans notre région, si l'on a soin d'établir une pépinière de porte-greffes, d'apprendre aux vignerons le greffage et de les intéresser à cette œuvre, les frais de reconstitution ne sont pas très considérables.

En admettant une reprise de 40 0/0, en supposant même que l'on ait employé quelques maîtres greffeurs, on peut évaluer le prix de revient des greffes à 40 fr. le mille, soit de 280 à 400 fr. par hectare, suivant l'espacement des vignes plantées.

Conclusion.

En résumé, Messieurs, nous ne le dissimulerons pas, il y a de sérieuses difficultés d'adaptation et de greffage à vaincre, mais dans notre pays même, si peu avancé à ce point de vue, l'expérience est faite, les preuves sont là pour convaincre les plus pessimistes : la reconstitution est possible, elle est certaine.

Doit-elle se faire en plants greffés ou en producteurs directs ? Grave question.

Avec le producteur direct on s'épargne bien des travaux, bien des soins minutieux et on arrive plus facilement au but, à la récolte. Mais on se ménage pour l'avenir de graves déceptions.

Trouver un plant direct résistant, ayant les qualités de nos vieux cépages français, c'est certainement l'idéal et l'avenir de notre viticulture. Cet idéal sera probablement atteint, les viticulteurs les plus compétents nous en donnent l'espoir. Mais, à l'heure présente, est-il une variété directe que l'on puisse recommander en garantissant sa résistance absolue et la qualité du vin qu'elle produit ? Non. Dès lors, prenons donc bien garde de ne pas laisser envahir nos terres par des vignes produisant un vin mauvais, dont les acheteurs ne voudront pas et qui tombera à vil prix.

Défendons la vieille réputation de nos vignobles et de nos crûs. Allons plus lentement pour aller plus sûrement. Imposons-nous des efforts plus grands, reconstituons nos vignes avec nos vieux cépages qui se greffent bien, enfin maintenons la qualité et la réputation de nos vins qui ont été et qui doivent redevenir dans l'avenir la fortune et l'orgueil de notre Mâconnais.

BARON DU TEIL DU HAVELT,
Vice-Président de la Commission
d'organisation du Congrès.

Perthuis de Charnay, 16 octobre 1887.

Mâcon, imp. Protat frères.

www.ingramcontent.com/pod-product-compliance
Lightning Source LLC
Chambersburg PA
CBHW050549210326
41520CB00012B/2780